河南省南水北调配套工程
外观质量评定标准

U0343463

2015 年 12 月

河南省水利水电工程建设质量监测监督站

图书在版编目(CIP)数据

河南省南水北调配套工程外观质量评定标准/河南省水利水电工程建设质量监测监督站主编. —郑州:黄河水利出版社,2015.12

ISBN　978 - 7 - 5509 - 1306 - 6

Ⅰ.①河…　Ⅱ.①河…　Ⅲ.①南水北调－水利工程－质量标准－河南省　Ⅳ.①TV68

中国版本图书馆 CIP 数据核字(2015)第 299317 号

出　版　社:黄河水利出版社
　　　　　地址:河南省郑州市顺河路黄委会综合楼14层　　　邮政编码:450003
发行单位:黄河水利出版社
　　　　　发行部电话:0371 - 66026940、66020550、66028024、66022620(传真)
　　　　　E-mail:hhslcbs@ 126. com
承印单位:河南承创印务有限公司
开本:880 mm × 1 230 mm　1/16
印张:2.25
字数:52 千字　　　　　　　　　　　　印数:1—1 000
版次:2015 年 12 月第 1 版　　　　　　印次:2015 年 12 月第 1 次印刷

定价:35.00 元

《河南省南水北调配套工程外观质量评定标准》
编写人员

主要编写人员：孙觅博　蔡传运　戚世森　王银山

李　军(哈密)　高　翔　杜晓晓

陈相龙　李　鹏

参加编写人员：轩慎民　吕仲祥　易善亮　白建峰

雷振华　杨东英　付瑞杰　苏　航

黄　山　张　彬　王相谦　李承骏

王海涛　李松涛　李秀菊　魏　磊

前　言

　　为规范我省南水北调配套工程外观质量评定工作,进一步提高南水北调配套工程质量管理水平,根据国家有关法律、法规及行业技术标准的规定,按照《水利技术标准编写规定》(SL 1—2014)的要求,编制本标准。

　　本标准共10章5节42条8个附录,主要内容有:总则、评定标准、外观质量评定程序、检测项目质量评定、检查项目质量评定、外观质量得分率、外观质量评定工作报告、外观质量评定结论核定、附则、附录等。

　　本标准附录A、附录B、附录C、附录D、附录E、附录F、附录G、附录H为规范性内容。

　　本标准编写单位:河南省水利水电工程建设质量监测监督站

目　录

1 总 则

1.0.1 为规范河南省南水北调配套工程外观质量评定工作,根据《河南省南水北调中线工程建设管理局验收管理办法》(豫调建〔2008〕8 号)、《河南省南水北调配套工作验收工作导则》(豫调办〔2014〕51 号)及国家和河南省有关规定,结合河南省南水北调配套工程的实际情况,按照《水利水电工程施工质量检验与评定规程》(SL 176—2007)和《河南省水利工程质量监督规程》(豫水质监〔2015〕4 号)的要求,制定本标准。

1.0.2 本标准适用于河南省南水北调配套(包括附属)工程。

1.0.3 河南省南水北调配套工程外观质量评定工作除应遵照本标准的规定外,还应符合国家有关法规和工程技术标准的规定。

2 评定标准

2.1 评定标准的制定与确认

2.1.1 河南省南水北调配套工程外观质量评定标准按工程类型分为:输水建筑物外观质量评定标准、房屋建筑外观质量评定标准两类。

2.1.2 外观质量评定应执行本标准。本标准中已有明确规定的项目,其评定标准不再报河南省水利水电工程建设质量监测监督站(以下简称"省质监站")确认。

2.1.3 本标准中未列出的外观质量评定项目,由省辖市南水北调配套工程建设管理局(以下简称"市建管局")组织监理、设计、施工等单位,根据相关技术标准和设计要求,按照本标准的格式,拟定质量标准及标准分,报省质监站确认。经省质监站确认的评定项目,在河南省水利网(www.hnsl.gov.cn)工程质量监督专栏上公布,作为对本标准的补充。本标准自公布之日起执行。

2.2 输水建筑物外观质量评定标准

2.2.1 输水建筑物主要包括与输水管道连接的除房屋建筑外的各类建(构)筑物及沿线恢复工程等。

2.2.2 输水建筑物外观质量评定执行表 2.2《河南省南水北调配套工程输水建筑物外观质量评定标准》。

表 2.2　河南省南水北调配套工程输水建筑物外观质量评定标准

项次	项目	检查、检测内容	质量标准
1	建(构)筑物尺寸	建(构)筑物长、宽	允许偏差:±20 mm
		建(构)筑物断面尺寸	允许偏差:±1/200 设计值,且不超过 ±20 mm
		坡度	不陡于设计值,目测平顺
2	轮廓线	渡槽、明渠等尺寸较大建(构)筑物	连续拉线量测,最大凹凸不超过 20 mm/15 m
		各种阀井等较小建(构)筑物	连续拉线量测,最大凹凸不超过 10 mm/5 m
3	表面平整度	混凝土面、砂浆抹面、混凝土预制块	用 2 m 直尺检测,不大于 10 mm/2 m
		浆砌石	用 2 m 直尺检测,不大于 20 mm/2 m
		干砌石	用 2 m 直尺检测,不大于 30 mm/2 m
4	立面垂直度	墩、墙	允许偏差:1/200 设计高,且不超过 20 mm
		柱	允许偏差:1/500 设计高,且不超过 20 mm
5	大角方正	量测	±0.6°(±6 mm)(用角度尺检测)
6	栏杆	检查、量测	栏杆平面偏位 4 mm,扶手高度 ±10 mm,柱顶高差 4 mm,接缝两侧扶手高差 3 mm,竖杆或柱纵横向竖直度 4 mm 一级:测点合格率达到 100%,栏杆安装直顺美观,杆件接缝处无开裂现象 二级:测点合格率 90.0%~99.9%,栏杆安装基本直顺美观,杆件接缝处无开裂现象 三级:测点合格率 70.0%~89.9%,栏杆安装基本直顺,杆件接缝处无开裂现象 四级:测点合格率 70.0% 以下,未达到三级标准者
7	混凝土表面缺陷情况	检查、量测	一级:混凝土表面无蜂窝、麻面、挂帘裙边、错台及表面裂缝等缺陷 二级:缺陷总面积≤3%,局部≤0.5%且不连续,不得集中 三级:缺陷总面积 3%~5%,局部>0.5% 四级:未达到三级标准者
8	表面钢筋割除及保护	检查、量测	一级:全部割除,无明显凸出部分,保护措施满足要求 二级:全部割除,少部分明显凸出表面,保护措施基本满足要求 三级:割除面积达到 95% 以上,未割除部分不影响建筑功能及安全,保护措施多处不满足要求 四级:未达到三级标准者 注:设计有具体要求者,应符合设计要求
9	曲面与平面联结	检查	一级:圆滑过渡,曲线流畅 二级:平顺联结,曲线基本流畅 三级:联结不够平顺,有明显折线 四级:未达到三级标准者
10	扭面与平面联结		
11	爬梯及安全护筒	检查	一级:爬梯布设间距均匀合理、稳固、无锈斑 二级:爬梯布设间距较均匀、稳固、有少量锈斑 三级:爬梯布设间距较大、上下错位、稳固、锈斑较多 四级:未达到三级标准者
12	管道、阀井等建(构)筑物顶部回填土	检查	一级:回填土与原状地面连接均匀,连接平顺 二级:回填土与原状地面连接基本均匀,有少量凸凹不平 三级:回填土与原状地面连接不均匀,凸凹不平较多 四级:未达到三级标准者

项次	项目	检查、检测内容	质量标准
13	变形缝、结构缝	检查	一级:缝面顺直,宽度均匀,填充材料饱满密实 二级:缝面顺直,宽度基本均匀,填充材料饱满 三级:缝面基本顺直,宽度基本均匀,填充材料基本饱满 四级:未达到三级标准者
14	建(构)筑物表面	检查	一级:建筑物表面洁净无附着物 二级:建筑物表面附着物已清除,但局部清除不彻底 三级:建筑物表面附着物已清除80%,无垃圾 四级:未达到三级标准者
15	砌体(勾缝)表面	检查	一级:砌体排列整齐、露头均匀,大面平整,砌缝饱满密实,缝面顺直,勾缝宽度均匀 二级:砌体排列基本整齐、露头基本均匀,大面基本平整,砌缝饱满密实,缝面顺直,勾缝宽度基本均匀,局部有裂缝 三级:砌体排列多处不整齐、露头不够均匀,大面基本平整,砌缝基本饱满,缝面基本顺直,勾缝宽度不均匀,多处有裂缝、脱落 四级:未达到三级标准者
16	金结及机电设备外表面	检查	一级:安装符合要求,焊缝均匀,两侧飞渣清除干净,临时支撑割除干净,且打磨平整,油漆均匀,色泽一致,无脱皮、起皱现象,螺丝无锈蚀现象 二级:安装符合要求,焊缝均匀,表面清除干净,油漆防腐基本均匀,局部有少量脱皮、起皱、锈蚀现象,个别螺丝有锈蚀现象 三级:安装基本符合要求,表面清除基本干净,油漆防腐局部有脱落、锈蚀现象,颜色基本一致,多处螺丝有锈蚀现象 四级:未达到三级标准者
17	集水井	检查	一级:集水井外形规则,表面洁净无附着物,防护装置齐全,布置美观 二级:集水井外形基本规则,表面附着物局部清除不彻底,排水基本畅通,防护装置齐全 三级:集水井外形局部有凹凸现象,表面附着物未清除,防护装置基本齐全 四级:未达到三级标准者
18	通气管	检查	一级:通气管规格尺寸及防鸟网安装位置正确,油漆均匀,色泽一致,无脱皮、起皱现象,螺丝无锈蚀现象 二级:通气管规格尺寸及防鸟网安装位置正确,油漆防腐基本均匀,局部有少量脱皮、起皱、锈蚀现象,个别螺丝有锈蚀现象 三级:通气管规格尺寸及防鸟网安装位置正确,油漆防腐局部有脱落、锈蚀现象,多处螺丝有锈蚀现象 四级:未达到三级标准者
19	电气管线(路)及设备	检查	一级:管线(路)顺直,设备排列整齐,表面清洁 二级:管线(路)基本顺直,设备排列基本整齐,表面基本清洁 三级:管线(路)多处不够顺直,设备排列不够整齐,表面不够清洁 四级:未达到三级标准者
20	路面恢复工程	检查	一级:(沥青)混凝土与原路面结合紧密、平顺,无沉陷、错台 二级:(沥青)混凝土与原路面结合基本紧密、平顺,局部有开裂沉陷、错台 三级:(沥青)混凝土与原路面结合有裂缝、平顺,多处有沉陷、错台 四级:未达到三级标准者

2.3 房屋建筑外观质量评定标准

2.3.1 项目划分中的房屋建筑为单位工程时,执行《建筑工程施工质量验收统一标准》(GB 50300—2013)和《建筑工程施工质量评价标准》(GB/T 50375—2006)。

2.3.2 项目划分中的房屋建筑(包括现地管理房、泵站主厂房、泵站副厂房、管理房、仓库等)为分部工程时,执行表2.3《河南省南水北调配套工程房屋建筑外观质量评定标准》。

表2.3 河南省南水北调配套工程房屋建筑外观质量评定标准

项次	项目		质量标准
1		建筑尺寸	检测建筑物长(±30 mm)、宽(±20 mm)、高(层高±10 mm,全高±30 mm)	一级:测点合格率达到100% 二级:测点合格率85.0%~99.9% 三级:测点合格率70.0%~84.9% 四级:测点合格率70.0%以下
2		阴阳角	水刷石允许偏差3 mm、斩假石允许偏差3 mm、干粘石允许偏差4 mm、假面砖允许偏差4 mm	一级:测点合格率达到100% 二级:测点合格率85.0%~99.9% 三级:测点合格率70.0%~84.9% 四级:测点合格率70.0%以下
3	建筑与结构	室外墙面	检测室外墙面平整度4 mm/2 m、垂直度4 mm/2 m	一级:测点合格率达到100%;线条顺直、墙面平整、色泽一致、竖直、黏结牢固,无空鼓、刷纹、流坠 二级:测点合格率85.0%~99.9%;线条顺直、墙面平整、色泽一致、竖直、黏结牢固,基本无刷纹、流坠,局部空鼓面积不大于0.3 m² 三级:测点合格率70.0%~84.9%;墙面较平整、色泽较一致,黏结较牢固,局部有掉粉、起皮,有明显刷纹、流坠,局部空鼓面积不大于0.4 m² 四级:测点合格率70.0%以下;未达到三级标准者
4		室内墙面	检测室内墙面平整度4 mm/2 m、垂直度4 mm/2 m	一级:测点合格率达到100%;涂饰均匀、色泽一致、黏结牢固,无漏涂、起皮、掉粉、刷纹、流坠 二级:测点合格率85.0%~99.9%;涂饰基本均匀一致、黏结基本牢固,基本无漏涂、起皮、掉粉、刷纹、流坠,空鼓面积不大于0.3 m² 三级:测点合格率70.0%~84.9%;涂饰较均匀、色泽较一致,有轻微漏涂、起皮、掉粉、刷纹、流坠,空鼓面积大于0.4 m² 四级:测点合格率70.0%以下;未达到三级标准者
5		室内地面	检测地面平整度4 mm/2 m	一级:测点合格率达到100%;表面密实光洁,无裂纹、脱皮、麻面和起砂等现象,无空鼓,色泽一致,踢脚线顺直,高度及出墙厚度一致 二级:测点合格率85.0%~99.9%;表面密实光洁,基本无裂纹、脱皮、麻面和起砂等现象,局部空鼓面积不大于0.3 m²,色泽基本一致,踢脚线基本顺直,高度及出墙厚度基本一致 三级:测点合格率70.0%~84.9%;表面基本光洁,有轻微裂纹、脱皮、麻面和起砂等现象,局部空鼓面积不大于0.4 m²,踢脚线基本顺直,高度及出墙厚度一致 四级:测点合格率70.0%以下;未达到三级标准者
6		楼梯、踏步、护栏	楼梯踏步宽及步高偏差±10 mm,上下级踏步的高度差±10 mm	一级:测点合格率达到100% 二级:测点合格率85.0%~99.9% 三级:测点合格率70.0%~84.9% 四级:测点合格率70.0%以下
			护栏:高度、间距满足设计要求,检测栏杆垂直度及平面顺直两项,平面顺直偏差10 mm/15 m,垂直度偏差±5 mm	

续表 2.3

项次	项目		质量标准
7	建筑与结构	门窗	门窗竖向偏离中心±5 mm,门窗上、下横框标高±5.0 mm;框正、侧面垂直度±2 mm	一级:测点合格率达到100%;门窗表面洁净、平整、光滑、色泽一致,无锈蚀,大面无划痕、碰伤,安装牢固,开关灵活,关闭严密,无倒翘 二级:测点合格率85.0%~99.9%;门窗表面基本洁净、平整、光滑、色泽一致,无锈蚀,基本无划痕、碰伤,安装牢固,开关灵活,关闭严密,无倒翘 三级:测点合格率70.0%~84.9%;门窗表面不洁净、平整,存在轻微锈蚀、划痕、碰伤,安装牢固,开关较灵活,关闭严密 四级:测点合格率70.0%以下;未达到三级标准者
8		变形缝、雨水管	一级:上下缝一致,屋顶、散水全部断开,填塞材料填满油麻,盖缝条宽度一致,上下顺直,固定牢靠,水落管顺直,安装牢固,排水畅通,无渗漏 二级:上下缝基本一致,屋顶、散水全部断开,填塞材料基本填满油麻,盖缝条宽度一致,上下基本顺直,固定牢靠,水落管基本顺直,安装牢固,排水畅通 三级:上下缝较一致,屋顶、散水个别未全部断开,填塞材料基本填满油麻,盖缝条宽度基本一致,上下基本顺直,固定较牢靠,水落管基本顺直,安装牢固,排水基本畅通 四级:未达到三级标准者	
9		屋面	一级:屋面坡度满足设计,无积水、渗漏;屋面干净、美观 二级:屋面坡度基本满足设计,无渗漏,基本无积水 三级:屋面坡度基本满足设计,有积水,存在渗漏 四级:未达到三级标准者	
10		室内顶棚	一级:涂饰均匀、色泽一致,黏结牢固,无漏涂、起皮、掉粉、刷纹、流坠 二级:涂饰基本均匀一致、黏结基本牢固,基本无漏涂、起皮、掉粉、刷纹、流坠,空鼓面积不大于0.3 m² 三级:涂饰较均匀、色泽较一致,有轻微漏涂、起皮、掉粉、刷纹、流坠等现象,空鼓面积大于0.4 m² 四级:未达到三级标准者	
11		雨罩、台阶、坡道、散水	一级:表面密实光洁,无裂纹、脱皮、麻面和起砂等现象,无空鼓,色泽一致,坡度符合要求 二级:表面密实光洁,基本无裂纹、脱皮、麻面和起砂等现象,局部空鼓面积不大于0.3 m²,色泽基本一致,坡度基本符合要求 三级:表面基本光洁,有轻微裂纹、脱皮、麻面和起砂等现象,局部空鼓面积不大于0.4 m²,坡度有少量不符合要求 四级:未达到三级标准者	
12	给排水与采暖	卫生器具、支架、阀门	安装高度±15 mm	一级:测点合格率达到100%;卫生器具表面洁净,无外露油麻;安装端正牢固,接口严密无渗漏,水箱防腐涂漆均匀,支架平整牢固、防腐良好;阀门启闭灵活,接口严密 二级:测点合格率85.0%~99.9%;安装基本端正牢固,接口严密无渗漏,支架基本平整牢固、防腐良好;阀门接口严密 三级:测点合格率70.0%~84.9%;接口存在渗漏,支架不牢固,阀门启闭不灵活、接口有渗漏 四级:测点合格率70.0%以下;未达到三级标准者
13		管道接口、坡度、支架	一级:管道横平竖直、坡度正确、距墙距离符合要求,接口正确,支架牢固端正,管道防腐良好,涂漆附着良好,保温措施到位 二级:管道基本横平竖直、坡度正确、距墙距离符合要求,接口正确,支架基本牢固端正,管道涂漆基本到位,涂漆附着较好 三级:管道基本横平竖直,接口基本正确,支架固定基本牢固,管道涂漆存在轻微起泡、流淌、漏涂等 四级:未达到三级标准者	
14		检查口、扫除口、地漏	一级:检查口便于维修,地漏水封高度不小于50 mm、无积水,地面坡度满足要求 二级:检查口便于维修,地面坡度基本满足要求,地漏基本无积水 三级:坡度不满足要求,存在积水 四级:未达到三级标准者	
15		散热器、支架	一级:铸铁型,每片顶部无掉翼,侧面无掉翼,涂漆厚度均匀,色泽一致,无漏涂;圆翼型每根无掉翼,涂漆色泽一致,无漏涂;串片型无松动肋片,水压试验符合要求,安装牢固,位置正确,接口紧密,无渗漏 二级:铸铁型,每片顶部掉翼不超过1个,长度不大于50 mm,侧面掉翼不超过2个,累计长度不大于200 mm,涂漆厚度均匀,色泽一致,无漏涂;圆翼型每根掉翼数不超过2个,累计长度不大于一个翼片周长的1/2,涂漆色泽一致,无漏涂;串片型松动肋片不超过总肋片的20%,水压试验符合要求,安装牢固,位置正确,接口紧密,无渗漏 三级:铸铁型、圆翼型:在合格基础上,表面洁净、无掉翼;串片型:在合格基础上,肋片整齐无翘曲,且中墙一致,表面洁净 四级:未达到三级标准者	

项次	项目		质量标准
16		配电箱、盘、板、接线盒	一级:箱体内外清洁,油漆完整、色泽一致,箱盖开闭灵活,箱内接线整齐 二级:箱体内外清洁,油漆完整、色泽基本一致,箱盖开闭灵活,箱内接线基本整齐 三级:箱体内外较洁净,油漆较完整、色泽较一致,箱盖开闭较灵活,箱内接线较整齐 四级:未达到三级标准者
17		设备器具、开关、插座	一级:安装牢固,表面清洁,灯具内外干净明亮,开关插座与墙面四周无缝隙 二级:安装牢固,表面清洁,灯具内外干净明亮,开关插座与墙面四周无缝隙 三级:安装牢固,表面基本清洁,灯具能明亮 四级:未达到三级标准者
18	建筑电气	防雷、接地、防火	一级:安装平直、牢固,固定点间距均匀,油漆防腐完整 二级:安装平直、牢固,固定点间距均匀,油漆防腐基本完整 三级:安装平直、牢固,固定点间距基本均匀,油漆防腐基本完整 四级:未达到三级标准者
19		室内电气装置安装	一级:配电柜(盘)排列整齐、色泽一致,箱内接线整齐,箱门开闭灵活;电缆(线)沟整齐平顺、覆盖平整,电缆(线)桥架排列整齐、安装位置符合设计要求,电缆(线)摆放平顺 二级:配电柜(盘)排列整齐、色泽一致,箱内接线基本整齐,箱门开闭基本灵活;电缆(线)沟整齐平顺、覆盖基本平整,电缆(线)桥架排列基本整齐、安装位置符合设计要求,电缆(线)摆放基本平顺 三级:配电柜(盘)排列基本整齐、色泽局部不一致,箱内接线基本整齐,箱门开闭基本灵活;电缆(线)沟基本整齐平顺、覆盖基本平整,电缆(线)桥架排列基本整齐、安装位置基本符合设计要求,电缆(线)摆放基本平顺 四级:未达到三级标准者
20		室外电气装置安装	一级:电杆、构件、拉件、线路、设备、附件及器材等安装顺直、牢固,固定点间距均匀,油漆防腐完整、色泽一致,箱盖开闭灵活,箱内接线整齐 二级:电杆、构件、拉件、线路、设备、附件及器材等安装顺直、牢固,固定点间距基本均匀,油漆防腐基本完整、色泽基本一致,箱盖开闭基本灵活,箱内接线基本整齐 三级:电杆、构件、拉件、线路、设备、附件及器材等安装基本顺直、牢固,固定点间距基本均匀,油漆防腐基本完整、色泽局部不一致,箱盖开闭基本灵活,箱内接线基本整齐 四级:未达到三级标准者
21		风管、支架	一级:风管平整光洁无裂纹,严密无漏光,接口连接紧密牢固平直;支架平整牢固 二级:风管基本平整光洁,严密,接口连接基本牢固平直;支架基本平整牢固 三级:风管存在不平整,存在裂纹,接口不牢固;支架固定不牢固 四级:未达到三级标准者
22		风口、风阀	一级:风口表面平整、颜色一致、安装位置正确、无明显划伤和压痕,调节装置灵活可靠,无明显松动,风阀操作灵活可靠、严密 二级:风口表面基本平整、颜色较一致、基本无明显划伤和压痕,无明显松动;风阀操作较灵活可靠 三级:风口表面局部不平整、存在较大划伤和压痕;风阀操作不灵活 四级:未达到三级标准者
23	通风与空调	风机、空调设备	一级:风机安装牢固、无变形、无锈蚀、漆膜脱落;空调安装牢固可靠,穿墙处密封、无雨水渗入,管道连接严密、无渗漏 二级:风机基本安装牢固、无变形;空调安装牢固可靠,穿墙处密封、无雨水渗入,管道连接基本严密 三级:风机安装松动;空调穿墙处密封不到位,存在雨水渗入,管道连接不严密 四级:未达到三级标准者
24		管道、阀门、支架	一级:管道、阀门安装正确、连接牢固紧密,启闭灵活,排列整齐美观;支架平整牢固、接触严密、油漆均匀 二级:管道、阀门连接基本牢固紧密,启闭较灵活;支架基本平整牢固、油漆均匀 三级:管道、阀门安装不正确、连接松动,启闭不灵活;支架松动、接触有空隙、油漆不均匀 四级:未达到三级标准者
25		水泵、冷却塔	一级:水泵安装正确牢固、运行平稳、无渗漏,连接部位无松动;冷却塔运行良好,固定稳固、无振动、无渗漏 二级:水泵运行较平稳、无渗漏,连接部位无松动;冷却塔运行较好 三级:水泵无法平稳运行、存在渗漏,连接部位松动;冷却塔固定不牢固、振动、渗漏 四级:未达到三级标准者
26		绝热	一级:密实、无裂缝、无空隙等,表面平整,捆绑固定牢固;涂料厚度均匀,无漏涂,表面光滑,牢固无缝隙 二级:基本密实、无裂缝、无空隙等,捆绑固定基本牢固;涂料厚度基本均匀,表面较光滑 三级:不密实、存在裂缝、存在空隙等,表面不平,起不到绝热效果 四级:未达到三级标准者

项次	项目		质量标准
27	智能建筑	机房设备安装及布局	一级:投影仪、监控终端安装运转完好,各种配线型式规格与设计规定相符,布放自然平直,无扭绞、打圈接头现象,未受到任何外力的挤压和损伤 二级:投影仪、监控终端安装运转较好,各种配线型式规格与设计规定基本相符,布放自然平直,基本无扭绞、打圈接头现象,未受到外力的挤压和损伤 三级:投影仪、监控终端安装运转较差,各种配线型式规格与设计规定不相符,布放不自然平直,存在扭绞、打圈接头现象,受到过外力的挤压和损伤 四级:未达到三级标准者
28		现场设备安装	一级:摄像头、云台基座安装位置准确,螺栓固定牢靠,无任何松动现象 二级:摄像头、云台基座安装位置基本准确,螺栓固定基本牢靠,无松动现象 三级:摄像头、云台基座安装位置基本准确,螺栓固定基本牢靠,有轻微松动现象 四级:未达到三级标准者
29	金结及机电	金属结构及设备	一级:安装符合要求,焊缝均匀,两侧飞渣清除干净,临时支撑割除干净,且打磨平整,油漆均匀、色泽一致,无脱皮、起皱现象,螺丝无锈蚀现象 二级:安装符合要求,焊缝均匀,表面清除干净,油漆防腐基本均匀,局部有少量脱皮、起皱、锈蚀现象,个别螺丝有锈蚀现象 三级:安装符合要求,表面清除基本干净,油漆防腐局部有脱落、锈蚀现象,颜色基本一致,多处螺丝有锈蚀现象 四级:未达到三级标准者
30		机电及附属设备	一级:安装符合要求,表面清除干净,油漆均匀、色泽一致,无脱皮、起皱现象,螺丝无锈蚀现象 二级:安装符合要求,表面清除干净,油漆防腐基本均匀,局部有少量脱皮、起皱、锈蚀现象,个别螺丝有锈蚀现象 三级:安装符合要求,表面清除基本干净,油漆防腐局部有脱落、锈蚀现象,颜色基本一致,多处螺丝有锈蚀现象 四级:未达到三级标准者
31		吊装(起重)及附属设备	一级:安装符合要求,油漆均匀、色泽一致,无脱皮、起皱现象,行走自如 二级:安装符合要求,油漆防腐基本均匀,局部有少量脱皮、起皱、锈蚀现象,行走自如 三级:安装符合要求,表面清除基本干净,油漆防腐局部有脱落、锈蚀现象,颜色基本一致,行走基本自如 四级:未达到三级标准者
32		计量、监测及通信设备	一级:安装符合要求,表面清除干净,色泽一致,无脱皮、起皱现象,螺丝无锈蚀现象 二级:安装符合要求,油漆防腐基本均匀,表面清除干净,局部有少量脱皮、起皱、锈蚀现象,个别螺丝有锈蚀现象 三级:安装符合要求,表面清除基本干净,油漆防腐局部有脱落、锈蚀现象,颜色基本一致,多处螺丝有锈蚀现象 四级:未达到三级标准者
33	室外工程	进场道路及附属建筑	一级:路面平整,宽度一致,表面洁净无附着物;草皮铺设(种植)、植树均匀,全部成活,无空白;排水沟轮廓顺直,宽度一致,排水畅通,无倒坡 二级:路面及硬化平整,宽度基本一致,表面附着物已清除,但局部清除不彻底;草皮铺设(种植)、植树均匀,成活面积90%以上,基本无空白;排水沟轮廓顺直,宽度基本一致,排水畅通,无倒坡 三级:路面较平整,宽度基本一致,表面附着物已清除80%,无垃圾;草皮铺设(种植)、植树基本均匀,成活面积70%以上,有少量空白;排水沟轮廓基本顺直,宽度局部不一致,排水基本畅通 四级:未达到三级标准者
34		围墙、大门等附属建筑	一级:砌体表面,铁艺和大门安装符合要求,排列整齐,轮廓顺直,色泽一致,表面洁净无附着物 二级:砌体表面,铁艺和大门安装符合要求,排列整齐,轮廓顺直,油漆防腐局部有脱落、锈蚀现象,色泽基本一致,表面附着物已清除,但局部清除不彻底 三级:砌体表面,铁艺和大门安装符合要求,排列基本整齐,轮廓基本顺直,油漆防腐局部有脱落、锈蚀现象,色泽基本一致,表面附着物已清除80% 四级:未达到三级标准者
35		室外道路、硬化及排水	一级:路面及硬化平整,宽度一致,表面洁净无附着物;排水沟轮廓顺直,宽度一致,排水畅通,无倒坡 二级:路面及硬化平整,宽度基本一致,表面附着物已清除,但局部清除不彻底;排水沟轮廓顺直,宽度基本一致,排水畅通,无倒坡 三级:路面较平整,宽度基本一致,表面附着物已清除80%,无垃圾;排水沟轮廓基本顺直,宽度局部不一致,排水基本畅通 四级:未达到三级标准者
36		室外绿化	一级:草皮铺设(种植)、植树均匀,全部成活,无空白 二级:草皮铺设(种植)、植树均匀,成活面积90%以上,基本无空白 三级:草皮铺设(种植)、植树基本均匀,成活面积70%以上,有少量空白 四级:未达到三级标准者

3 外观质量评定程序

3.0.1 单位工程验收前,应进行外观质量评定。市建管局应在拟定外观质量评定时间后,提前5个工作日通知省质监站,并从省外观质量评定专家库中抽取专家。省质监站派员对外观质量评定工作进行监督。

3.0.2 监督人员监督外观质量评定工作时,应按《河南省水利工程质量监督规程》及有关要求,对外观质量评定组的人员资格进行检查,并对评定的程序、内容等进行监督,同时抽查工程质量检测资料。

3.0.3 外观质量评定由市建管局组织的外观质量评定组具体负责。外观质量评定组由市建管局、监理、设计、施工等单位持有外观质量评定证书的人员和从省外观质量评定专家库中抽取的专家共同组成。评定组总人数不应少于5人,其中从省外观质量评定专家库中抽取的专家不少于2人;由2个以上施工单位完成的单位工程,施工单位可各派1人参加评定组。参加外观质量评定工作的参建单位人员若无外观质量评定证书,则该单位的人员不得作为外观质量评定组成员。

3.0.4 外观质量评定工作按以下流程进行:

1 由市建管局组织成立外观质量评定组,并确定评定组组长。

2 组长主持评定工作,对评定组人员进行分工,明确组员职责。

3 听取市建管局介绍单位工程建设有关情况。

4 评定组根据外观质量评定标准、设计图纸、检测报告等确定现场检查和检测的内容。

5 评定组按照确定的内容进行现场检查、检测,对检查项目进行现场打分,对检测项目做好复检工作。

6 评定组成员根据现场检查、检测结果,按照评定标准独立打分,并向组长提交打分表。

7 由组长负责组织统计外观质量评定得分,并计算出综合得分率。

8 由组长主持讨论并形成外观质量评定报告,提交外观质量评定结论。

4 检测项目质量评定

4.1 外观质量检测

4.1.1 外观质量检测是依据本标准,对工程外部尺寸、表面平整度、轮廓线、立面垂直度、大角方正等进行的量测。

4.1.2 外观质量评定前,市建管局应委托具有水利工程质量检测甲级量测资质证书的检测单位进行检测,不得委托已在本项目中为施工、监理单位提供检测服务的单位进行检测。外观质量检测宜与工程验收实体质量检测一并进行,且委托的检测内容不得超越检测单位甲级资质的计量认证范围。

4.1.3 受委托的检测单位应根据工程实际情况编制工程质量检测方案。质量检测方案应包括工程概况、检测依据、检测方法、检测内容、检测仪器设备、检测部位、检测数量等。检测数量和部位应有代表性和可追溯性。

4.1.4 工程质量检测方案由市建管局报质量监督机构审核批准后执行。

4.1.5 检测单位在外观质量评定前,应严格按照要求及时、准确地向市建管局提交质量检测报告,并对质量检测报告负责。市建管局应及时将检测报告报质量监督机构备案。

4.1.6 进行外观质量评定时,由外观质量评定组成员现场对检测报告中的检测项目进行复测。复测的部位应不少于检测报告的25%,且所抽测部位抽测点数不少于10个点。

4.1.7 外观质量评定组成员应按照《单位工程外观质量检测记录表》(详见附录C、附录G)的要求做好现场检测记录工作,并标明复测的部位、高程或桩号。

4.1.8 现场复测结束后,评定组成员应计算复测项目的合格率。

4.2 检测项目评定

4.2.1 检测项目评定等级分为四级,输水建筑物、房屋建筑检测项目评定等级与标准得分详见表4.2-1、表4.2-2。

表 4.2-1　输水建筑物检测项目评定等级与标准得分

评定等级	检测项目测点合格率(%)	各项评定得分
一级	100	该项标准分
二级	90.0～99.9	该项标准分×90%
三级	70.0～89.9	该项标准分×70%
四级	<70.0	0

表 4.2-2　房屋建筑检测项目评定等级与标准得分

评定等级	检测项目测点合格率(%)	各项评定得分
一级	100	该项标准分
二级	85.0～99.9	该项标准分×85%
三级	70.0～84.9	该项标准分×70%
四级	<70.0	0

4.2.2 检测项目合格率的确定,采取检测报告结论与现场抽检的检测结果相比较,且按"就低不就高"的原则。

　　1 当复测的检测项目的合格率大于或等于检测报告中该检测项目合格率时,采用检测单位出具的检测报告中的合格率。

　　2 当复测的检测项目的合格率小于检测报告中该检测项目合格率时,采用现场抽检项目的合格率。

4.2.3 按照项目外观质量等级与标准得分确定检测项目等级,将对应的得分填写在外观质量评定表中。

5 检查项目质量评定

5.0.1 检查项目质量评定等级分为四级,输水建筑物、房屋建筑检查项目评定等级与标准得分详见表5-1、表5-2。

表5-1 输水建筑物检查项目评定等级与标准得分

评定等级	检查项目得分率(%)	各项评定得分
一级	100	该项标准分
二级	90.0~99.9	该项标准分×90%
三级	70.0~89.9	该项标准分×70%
四级	<70.0	0

表5-2 房屋建筑检查项目评定等级与标准得分

评定等级	检查项目得分率(%)	各项评定得分
一级	100	该项标准分
二级	85.0~99.9	该项标准分×85%
三级	70.0~84.9	该项标准分×70%
四级	<70.0	0

5.0.2 外观质量评定组成员应按照外观质量评定标准,对检查项目进行全面检查,并现场填写检查项目打分表,不得离开现场后凭印象评定。

5.0.3 现场检查完成后,评定组成员在各自的检查项目打分表上签名后,交给组长进行汇总。

5.0.4 检查项目的评定得分计算流程:

   1 评定组成员评定的检查项目得分为:标准分×对应项目评定等级的百分比;

   2 检查项目平均分为:评定组成员评定的检查项目得分和÷评定组成员人数;

   3 检查项目得分率为:检查项目平均分÷检查项目标准分;

   4 根据各检查项目得分率确定各检查项目的评定级别;

   5 外观质量评定组成员在打分汇总表上签名;

   6 按照各检查项目的评定级别将对应的得分填写在外观质量评定表中。

6 外观质量得分率

6.0.1 外观质量评定组对已填好的外观质量评定表进行统计,计算出"实得分""应得分"及"得分率"。

6.0.2 外观质量得分率为:(实得分 ÷ 应得分) ×100%;得分率小数点后保留一位数字。

6.0.3 当一个单位工程中包含有输水建筑物、房屋建筑两类型的分部工程,且各类型工程的外观质量得分率均不小于70%时,单位工程的外观质量得分率按以下公式计算:

$$外观质量得分率 = (a \times m/i + b \times n/i) \times 100\%$$

式中 a——输水(渠道)及建(构)筑物工程外观质量得分率;

b——房屋建筑外观质量得分率;

m——输水(渠道)及建(构)筑物分部工程个数;

n——房屋建筑分部工程个数;

i——单位工程中参与外观质量评定的分部工程总数,$i = m + n$。

6.0.4 外观质量得分率计算完成后,外观质量评定组成员对评定情况进行校核,确认无误后在评定表内签名。

7 外观质量评定工作报告

7.0.1 外观质量评定组应根据评定情况形成外观质量评定工作报告,作为外观质量评定成果。

7.0.2 外观质量评定工作报告应包括以下内容:

  1 单位工程建设内容;

  2 评定组人员组成;

  3 外观质量评定工作程序;

  4 检查项目打分表;

  5 检测项目检测记录表;

  6 外观质量打分汇总表;

  7 外观质量评定表;

  8 外观质量评定结果。

7.0.3 外观质量评定工作报告由项目法人报省质监站,作为核定外观质量结论的重要依据。

8 外观质量评定结论核定

8.0.1 单位工程外观质量评定结束后,市建管局应在单位工程验收前将外观质量评定结论报省质监站核定。

8.0.2 省质监站在核定外观质量评定结论时,应重点核查外观质量评定得分率的统计计算方法及结论是否正确。

8.0.3 省质监站对外观质量评定结论有异议时,可要求市建管局作出解释,必要时可要求重新组织外观质量评定。

8.0.4 经省质监站核定的外观质量评定结论,应提交单位工程验收工作组,作为单位工程验收评定质量等级的依据。

9 附 则

9.0.1 本标准由河南省水利水电工程建设质量监测监督站负责解释。

9.0.2 本标准自发布之日起施行。

10 附 录

附录A 河南省南水北调配套工程输水建筑物外观质量评定表

单位工程名称				施工单位				
				评定日期		年 月 日		
项次	项目	标准分（分）	评定得分					备注
			一级 100%	二级 90%	三级 70%	四级 0		
1	建(构)筑物尺寸	12						
2	轮廓线	10						
3	表面平整度	10						
4	立面垂直度	10						
5	大角方正	5						
6	栏杆	2						
7	混凝土表面缺陷情况	6						
8	表面钢筋割除及保护	4						
9	曲面与平面联结	4						
10	扭面与平面联结	4						
11	爬梯及安全护筒	2						
12	管道、阀井等建(构)筑物顶部回填土	6						
13	变形缝、结构缝	3						
14	建(构)筑物表面	10						
15	砌体(勾缝)表面	3						
16	金结及机电设备外表面	10						
17	集水井	2						
18	通气管	2						
19	电气管线(路)及设备	2						
20	路面恢复工程	4						
合计		应得 分,实得 分,得分率 %						
外观质量评定组成员	单位	单位名称		职务/职称		签名		
	市南水北调配套工程建设管理局							
	监理							
	设计							
	施工							
	外观质量评定专家							
工程质量监督机构	核定意见： 核定人:(签名) 年 月 日							

注:参建单位中无符合外观评定条件人员的,由外观质量评定专家替代。

附录 B 输水建筑物外观质量打分汇总表

单位工程名称			施工单位										
			日期				年 月 日						

项次	项目	标准分	外观质量评定组成员打分								平均分	得分率（%）	级别
			1	2	3	4	5	6	7	8			
1	建(构)筑物尺寸	12											
2	轮廓线	10											
3	表面平整度	10											
4	立面垂直度	10											
5	大角方正	5											
6	栏杆	2											
7	混凝土表面缺陷情况	6											
8	表面钢筋割除及保护	4											
9	曲面与平面联结	4											
10	扭面与平面联结	4											
11	爬梯及安全护筒	2											
12	管道、阀井等建(构)筑物顶部回填土	6											
13	变形缝、结构缝	3											
14	建(构)筑物表面	10											
15	砌体(勾缝)表面	3											
16	金结及机电设备外表面	10											
17	集水井	2											
18	通气管	2											
19	电气管线(路)及设备	2											
20	路面恢复工程	4											
外观质量评定组成员签名													

附录 C 输水建筑物外观质量检测记录表

单位工程名称：

项次	检测项目	检测内容	现场检测记录（单位：mm）	现场检测合格率（%）	检测报告合格率（%）	等级
1	建（构）筑物尺寸	建（构）筑物长、宽				
		建（构）筑物断面尺寸				
		坡度				
2	轮廓线	渡槽、明渠等尺寸较大建（构）筑物				
		各种阀井等较小建（构）筑物				
3	表面平整度	1）混凝土面、砂浆抹面、混凝土预制块				
		2）浆砌石				
		3）干砌石				
4	立面垂直度	墩、墙				
		柱				
5	大角方正	量测				
6	栏杆	量测、检查				
7	混凝土表面缺陷情况	量测、检查				
8	表面钢筋割除及保护	量测、检查				

注：检测时应标明抽检的部位、高程或桩号。

附录 D　输水建筑物外观质量检查项目打分表

单位工程名称				施工单位		
				评定日期		年　　月　　日

项次	项目	工程部位	质量标准	评定情况	
				级别	得分
6	栏杆	（根据工程实际情况决定）	栏杆平面偏位 4 mm,扶手高度 ±10 mm,柱顶高差 4 mm,接缝两侧扶手高差 3 mm,竖杆或柱纵横向竖直度 4 mm 一级:测点合格率达到 100%,栏杆安装直顺美观,杆件接缝处无开裂现象(2分) 二级:测点合格率 90.0% ~99.9%,栏杆安装基本直顺美观,杆件接缝处无开裂现象(1.8分) 三级:测点合格率 70.0% ~89.9%,栏杆安装基本直顺,杆件接缝处无开裂现象(1.4分) 四级:测点合格率 70.0% 以下,未达到三级标准者(0分)		
7	混凝土表面缺陷情况		一级:混凝土表面无蜂窝、麻面、挂帘裙边、错台及表面裂缝等缺陷(6分) 二级:缺陷总面积≤3%,局部≤0.5% 且不连续,不得集中(5.4分) 三级:缺陷总面积 3% ~5%,局部 >0.5%(4.2分) 四级:未达到三级标准者(0分)		
8	表面钢筋割除及保护		一级:全部割除,无明显凸出部分,保护措施满足要求(4分) 二级:全部割除,少部分明显凸出表面,保护措施基本满足要求(3.6分) 三级:割除面积达到 95% 以上,且未割除部分不影响建筑功能及安全,保护措施多处不满足要求(2.8分) 四级:未达到三级标准者(0分) 注:设计有具体要求者,应符合设计要求		
9	曲面与平面联结		一级:圆滑过渡,曲线流畅(4分) 二级:平顺联结,曲线基本流畅(3.6分) 三级:联结不够平顺,有明显折线(2.8分) 四级:未达到三级标准者(0分)		
10	扭面与平面联结		一级:圆滑过渡,曲线流畅(4分) 二级:平顺联结,曲线基本流畅(3.6分) 三级:联结不够平顺,有明显折线(2.8分) 四级:未达到三级标准者(0分)		
11	爬梯及安全护筒		一级:爬梯布设间距均匀合理、稳固、无锈斑(2分) 二级:爬梯布设间距较均匀、稳固、有少量锈斑(1.8分) 三级:爬梯布设间距较大、水下错位、稳固、锈斑较多(1.4分) 四级:未达到三级标准者(0分)		
12	管道、阀井等建(构)筑物顶部回填土		一级:回填土与原状地面连接均匀,连接平顺(6分) 二级:回填土与原状地面连接基本均匀,有少量凸凹不平(5.4分) 三级:回填土与原状地面连接不均匀,凸凹不平较多(4.2分) 四级:未达到三级标准者(0分)		
13	变形缝、结构缝		一级:缝面顺直,宽度均匀,填充材料饱满密实(3分) 二级:缝面顺直,宽度基本均匀,填充材料饱满(2.7分) 三级:缝面基本顺直,宽度基本均匀,填充材料基本饱满(2.1分) 四级:未达到三级标准者(0分)		

项次	项目	工程部位	质量标准	评定情况	
				级别	得分
14	建(构)筑物表面		一级:建筑物表面洁净无附着物(10分) 二级:建筑物表面附着物已清除,但局部清除不彻底(9分) 三级:建筑物表面附着物已清除80%,无垃圾(7分) 四级:未达到三级标准者(0分)		
15	砌体(勾缝)表面		一级:砌体排列整齐,露头均匀,大面平整,砌缝饱满密实,缝面顺直,勾缝宽度均匀(3分) 二级:砌体排列基本整齐、露头基本均匀,大面基本平整,砌缝饱满密实,缝面顺直,勾缝宽度基本均匀,局部有裂缝(2.7分) 三级:砌体排列多处不整齐,露头不够均匀,大面基本平整,砌缝基本饱满,缝面基本顺直,勾缝宽度不均匀,多处有裂缝、脱落(2.1分) 四级:未达到三级标准者(0分)		
16	金结及机电设备外表面		一级:安装符合要求,焊缝均匀,两侧飞渣清除干净,临时支撑割除干净,且打磨平整,油漆均匀,色泽一致,无脱皮、起皱现象,螺丝无锈蚀现象(10分) 二级:安装符合要求,焊缝均匀,表面清除干净,油漆防腐基本均匀,局部有少量脱皮、起皱、锈蚀现象,个别螺丝有锈蚀现象(9分) 三级:安装基本符合要求,表面清除基本干净,油漆防腐局部有脱落、锈蚀现象,颜色基本一致,多处螺丝有锈蚀现象(7分) 四级:未达到三级标准者(0分)		
17	集水井		一级:集水井外形规则,表面洁净无附着物,防护装置齐全,布置美观(2分) 二级:集水井外形基本规则,表面附着物局部清除不彻底,排水基本畅通,防护装置齐全(1.8分) 三级:集水井外形局部有凹凸现象,表面附着物未清除,防护装置基本齐全(1.4分) 四级:未达到三级标准者(0分)		
18	通气管		一级:通气管规格尺寸及防鸟网安装位置正确,油漆均匀,色泽一致,无脱皮、起皱现象,螺丝无锈蚀现象(2分) 二级:通气管规格尺寸及防鸟网安装位置正确,油漆防腐基本均匀,局部有少量脱皮、起皱、锈蚀现象,个别螺丝有锈蚀现象(1.8分) 三级:通气管规格尺寸及防鸟网安装位置正确,油漆防腐局部有脱落、锈蚀现象,多处螺丝有锈蚀现象(1.4分) 四级:未达到三级标准者(0分)		
19	电气管线(路)及设备		一级:管线(路)顺直,设备排列整齐,表面清洁(2分) 二级:管线(路)基本顺直,设备排列基本整齐,表面基本清洁(1.8分) 三级:管线(路)多处不够顺直,设备排列不够整齐,表面不够清洁(1.4分) 四级:未达到三级标准者(0分)		
20	路面恢复工程		一级:(沥青)混凝土与原路面结合紧密、平顺,无沉陷、错台(4分) 二级:(沥青)混凝土与原路面结合基本紧密、平顺,局部有开裂沉陷、错台(3.6分) 三级:(沥青)混凝土与原路面结合有裂缝、平顺,多处有沉陷、错台(2.8分) 四级:未达到三级标准者(0分)		
	评定人员签名				

注:表中所列项目可根据工程具体情况进行删减评定。

附录 E 河南省南水北调配套工程房屋建筑外观质量评定表

单位工程名称				分部工程名称		施工单位		
				建筑面积		评定日期	年 月 日	

序号	项目		标准分（分）	评定得分				备注
				一级 100%	二级 85%	三级 70%	四级 0	
1	建筑与结构	建筑尺寸	12					
2		阴阳角	5					
3		室外墙面	10					
4		室内墙面	10					
5		室内地面	10					
6		楼梯、踏步、护栏	4					
7		门窗	14					
8		变形缝、雨水管	2					
9		屋面	10					
10		室内顶棚	4					
11		雨罩、台阶、坡道、散水	6					
12	给排水与采暖	卫生器具、支架、阀门	3					
13		管道接口、坡度、支架	6					
14		检查口、扫除口、地漏	2					
15		散热器、支架	2					
16	建筑电气	配电箱、盘、板、接线盒	2					
17		设备器具、开关、插座	4					
18		防雷、接地、防火	2					
19		室内电气装置安装	4					
20		室外电气装置安装	4					
21	通风与空调	风管、支架	2					
22		风口、风阀	4					
23		风机、空调设备	2					
24		管道、阀门、支架	2					
25		水泵、冷却塔	2					
26		绝热	2					
27	智能建筑	机房设备安装及布局	2					
28		现场设备安装	2					
29	金结及机电	金属结构及设备	10					
30		机电及附属设备	10					
31		吊装(起重)及附属设备	4					
32		计量、监测及通信设备	2					
33	室外工程	进场道路及附属建筑	4					
34		围墙、大门等附属建筑	4					
35		室外道路、硬化及排水	4					
36		室外绿化	4					

外观质量综合评价		应得 分,实得 分,得分率 %		

外观质量评定组成员	单位	单位名称	职务/职称	签名
	市南水北调配套工程建设管理局			
	监理			
	设计			
	施工			
	外观质量评定专家			

工程质量监督机构	核定意见： 核定人:(签名) 年 月 日

注：当参建单位中无符合外观评定条件的人员时,由外观质量评定专家替代。

附录 F 房屋建筑外观质量打分汇总表

单位工程名称				分部工程名称					施工单位					

序号	项目		标准分（分）	外观质量评定组成员打分								平均分	得分率（%）	级别
				1	2	3	4	5	6	7	8			
1	建筑与结构	建筑尺寸												
2		阴阳角												
3		室外墙面												
4		室内墙面												
5		室内地面												
6		楼梯、踏步、护栏												
7		门窗												
8		变形缝、雨水管												
9		屋面												
10		室内顶棚												
11		雨罩、台阶、坡道、散水												
12	给排水与采暖	卫生器具、支架、阀门												
13		管道接口、坡度、支架												
14		检查口、扫除口、地漏												
15		散热器、支架												
16	建筑电气	配电箱、盘、板、接线盒												
17		设备器具、开关、插座												
18		防雷、接地、防火												
19		室内电气装置安装												
20		室外电气装置安装												
21	通风与空调	风管、支架												
22		风口、风阀												
23		风机、空调设备												
24		管道、阀门、支架												
25		水泵、冷却塔												
26		绝热												
27	智能建筑	机房设备安装及布局												
28		现场设备安装												
29	金结及机电	金属结构及设备												
30		机电及附属设备												
31		吊装(起重)及附属设备												
32		计量、监测及通信设备												
33	室外工程	进场道路及附属建筑												
34		围墙、大门等附属建筑												
35		室外道路、硬化及排水												
36		室外绿化												
外观质量评定组成员签名														

単位工程名称:

附录 G 房屋建筑外观质量检测记录表

项次	检测项目	检测内容	现场检测记录（单位：mm）									现场检测合格率（%）	检测报告合格率（%）	等级
1	建筑与结构	建筑尺寸												
2		阴阳角												
3		室外墙面												
4		室内墙面												
5		室内地面												
6		楼梯、踏步、护栏												
7		门窗												
12	给排水与采暖	卫生器具、支架、阀门												

注：检测时应标明抽检的部位、高程或桩号。

附录 H 房屋建筑外观质量检查项目打分表

单位工程名称			施工单位	
			评定日期	年 月 日

项次	项目		质量标准	评定情况	
				级别	得分
8	建筑与结构	变形缝、雨水管	一级:上下缝一致,屋顶、散水全部断开,填塞材料填满油麻,盖缝条宽度一致,上下顺直,固定牢靠;水落管顺直,安装牢固,排水畅通,无渗漏(2分) 二级:上下缝基本一致,屋顶、散水全部断开,填塞材料基本填满油麻,盖缝条宽度一致,上下基本顺直,固定牢靠;水落管基本顺直,安装牢固,排水畅通(1.7分) 三级:上下缝较一致,屋顶、散水个别未全部断开,填塞材料基本填满油麻,盖缝条宽度基本一致,上下基本顺直,固定较牢靠;水落管基本顺直,安装牢固,排水基本畅通(1.4分) 四级:未达到三级标准者(0分)		
9		屋面	一级:屋面坡度满足设计,无积水,无渗漏;屋面干净、美观(10分) 二级:屋面坡度基本满足设计,无渗漏,基本无积水(8.5分) 三级:屋面坡度基本满足设计,有积水,存在渗漏(7分) 四级:未达到三级标准者(0分)		
10		室内顶棚	一级:涂饰均匀、色泽一致,黏结牢固,无漏涂、起皮、掉粉、刷纹、流坠(4分) 二级:涂饰基本均匀一致,黏结基本牢固,基本无漏涂、起皮、掉粉、刷纹、流坠,空鼓面积不大于0.3 m²(3.4分) 三级:涂饰较均匀、色泽较一致,有轻微漏涂、起皮、掉粉、刷纹、流坠等现象,空鼓面积大于0.4 m²(2.8分) 四级:未达到三级标准者(0分)		
11		雨罩、台阶、坡道、散水	一级:表面密实光洁,无裂纹、脱皮、麻面和起砂等现象,无空鼓,色泽一致,坡度符合要求(6分) 二级:表面密实光洁,基本无裂纹、脱皮、麻面和起砂等现象,局部空鼓面积不大于0.3 m²,色泽基本一致,坡度基本符合要求(5.1分) 三级:表面基本光洁,有轻微裂纹、脱皮、麻面和起砂等现象,局部空鼓面积不大于0.4 m²,坡度有少量不符合要求(4.2分) 四级:未达到三级标准者(0分)		
13	给排水与采暖	管道接口、坡度、支架	一级:管道横平竖直、坡度正确、距墙距离符合要求,接口正确,支架牢固端正,管道防腐良好,涂漆附着良好,保温措施到位(6分) 二级:管道基本横平竖直、坡度正确、距墙距离符合要求,接口正确,支架基本牢固端正,管道涂漆基本到位,附着较好(5.1分) 三级:管道基本横平竖直,接口基本正确,支架固定基本牢固,管道涂漆存在轻微起泡、流淌、漏涂等(4.2分) 四级:未达到三级标准者(0分)		
14		检查口、扫除口、地漏	一级:检查口便于维修,地漏水封高度不小于50 mm、无积水,地面坡度满足要求(2分) 二级:检查口便于维修,地面坡度基本满足要求,地漏基本无积水(1.7分) 三级:坡度不满足要求、存在积水(1.4分) 四级:未达到三级标准者(0分)		
15	给排水与采暖	散热器、支架	一级:铸铁型,每片顶部无掉翼,侧面无掉翼,涂漆厚度均匀,色泽一致,无漏涂;圆翼型每根无掉翼,涂漆色泽一致,无漏涂;串片型无松动肋片,水压试验符合要求,安装牢固,位置正确,接口紧密,无渗漏(2分) 二级:铸铁型,每片顶部掉翼不超过1个,长度不大于50 mm,侧面掉翼不超过2个,累计长度不大于200 mm,涂漆厚度均匀,色泽一致,无漏涂;圆翼型每根掉翼数不超过2个,累计长度不大于一个翼片周长的1/2,涂漆色泽一致,无漏涂;串片型松动肋片不超过总肋片的20%,水压试验符合要求,安装牢固,位置正确,接口紧密,无渗漏(1.7分) 三级:铸铁型、圆翼型:在合格基础上,表面洁净,无掉翼;串片型:在合格基础上,肋片整齐无翘曲,且中墙一致,表面洁净(1.4分) 四级:未达到三级标准者(0分)		

16	建筑电气	配电箱、盘、板、接线盒	一级:箱体内外清洁、油漆完整、色泽一致,箱盖开闭灵活,箱内接线整齐(2分) 二级:箱体内外清洁、油漆完整、色泽基本一致,箱盖开闭灵活,箱内接线基本整齐(1.7分) 三级:箱体内外较洁净、油漆较完整、色泽较一致,箱盖开闭较灵活,箱内接线较整齐(1.4分) 四级:未达到三级标准者(0分)		
17		设备器具、开关、插座	一级:安装牢固,表面清洁,灯具内外干净明亮,开关插座与墙面四周无缝隙(4分) 二级:安装牢固,表面清洁,灯具内外干净明亮,开关插座与墙面四周无缝隙(3.4分) 三级:安装牢固,表面基本清洁,灯具能明亮(2.8分) 四级:未达到三级标准者(0分)		
18		防雷、接地、防火	一级:安装平直、牢固,固定点间距均匀,油漆防腐完整(2分) 二级:安装平直、牢固,固定点间距均匀,油漆防腐基本完整(1.7分) 三级:安装平直、牢固,固定点间距基本均匀,油漆防腐基本完整(1.4分) 四级:未达到三级标准者(0分)		
19		室内电气装置安装	一级:配电柜(盘)排列整齐、色泽一致,箱内接线整齐,箱门开闭灵活;电缆(线)沟整齐平顺、覆盖整齐,电缆(线)桥架排列整齐、安装位置符合设计要求,电缆(线)摆放平顺(4分) 二级:配电柜(盘)排列整齐、色泽一致,箱内接线基本整齐,箱门开闭基本灵活;电缆(线)沟整齐平顺、覆盖基本平整,电缆(线)桥架排列基本整齐、安装位置符合设计要求,电缆(线)摆放基本平顺(3.4分) 三级:配电柜(盘)排列基本整齐、色泽局部不一致,箱内接线基本整齐,箱门开闭基本灵活;电缆(线)沟基本整齐平顺、覆盖基本平整,电缆(线)桥架排列基本整齐、安装位置基本符合设计要求,电缆(线)摆放基本平顺(2.8分) 四级:未达到三级标准者(0分)		
20		室外电气装置安装	一级:电杆、构件、拉件、线路、设备、附件及器材等安装顺直、牢固,固定点间距均匀,油漆防腐完整、色泽一致,箱盖开闭灵活,箱内接线整齐(4分) 二级:电杆、构件、拉件、线路、设备、附件及器材等安装顺直、牢固,固定点间距基本均匀,油漆防腐基本完整、色泽基本一致,箱盖开闭基本灵活,箱内接线基本整齐(3.4分) 三级:电杆、构件、拉件、线路、设备、附件及器材等安装基本顺直、牢固,固定点间距基本均匀,油漆防腐基本完整、色泽局部不一致,箱盖开闭基本灵活,箱内接线基本整齐(2.8分) 四级:未达到三级标准者(0分)		
21	通风与空通	风管、支架	一级:风管平整光洁无裂纹,严密无漏光,接口连接紧密牢固平直,支架平整牢固(2分) 二级:风管基本平整光洁,严密,接口连接基本牢固平直,支架基本平整牢固(1.7分) 三级:风管存在不平整,存在裂纹,接口不牢固;支架固定不牢固(1.4分) 四级:未达到三级标准者(0分)		
22		风口、风阀	一级:风口表面平整、颜色一致、安装位置正确、无明显划伤和压痕,调节装置灵活可靠,无明显松动;风阀操作灵活可靠、严密(4分) 二级:风口表面基本平整、颜色较一致、基本无明显划伤和压痕,无明显松动;风阀操作较灵活可靠(3.4分) 三级:风口表面局部不平整、存在较大划伤和压痕;风阀操作不灵活(2.8分) 四级:未达到三级标准者(0分)		
23		风机、空调设备	一级:风机安装牢固、无变形、无锈蚀、无漆膜脱落;空调安装牢固可靠,穿墙处密封、无雨水渗入,管道连接严密、无渗漏(2分) 二级:风机基本安装牢固、无变形;空调安装牢固可靠,穿墙处密封、无雨水渗入,管道连接基本严密(1.7分) 三级:风机安装松动;空调穿墙处密封不到位,存在雨水渗入,管道连接不严密(1.4分) 四级:未达到三级标准者(0分)		
24		管道、阀门、支架	一级:管道、阀门安装正确、连接牢固紧密,启闭灵活,排列整齐美观,支架平整牢固、接触严密、油漆均匀(2分) 二级:管道、阀门连接基本牢固紧密,启闭较灵活,支架基本平整牢固、油漆均匀(1.7分) 三级:管道、阀门安装不正确、连接松动,启闭不灵活,支架松动、接触有空隙、油漆不均匀(1.4分) 四级:未达到三级标准者(0分)		
25		水泵、冷却塔	一级:水泵安装正确牢固、运行平稳、无渗漏,连接部位无松动;冷却塔运行良好,固定稳固、无振动、无渗漏(2分) 二级:水泵运行较平稳、无渗漏,连接部位无松动;冷却塔运行较好(1.7分) 三级:水泵无法平稳运行,存在渗漏,连接部位松动;冷却塔固定不牢固、振动、渗漏(1.4分) 四级:未达到三级标准者(0分)		
26		绝热	一级:密实、无裂缝、无空隙等,表面平整,捆绑固定牢固;涂料厚度均匀,无漏涂,表面光滑、牢固无缝隙(2分) 二级:基本密实、无裂缝、无空隙等,捆绑固定基本牢固,涂料厚度基本均匀,表面较光滑(1.7分) 三级:不密实、存在裂缝、存在空隙等,表面不平,起不到绝热效果(1.4分) 四级:未达到三级标准者(0分)		

27	智能建筑	机房设备安装及布局	一级:投影仪、监控终端安装运转完好,各种配线型式规格与设计规定相符,布放自然平直,无扭绞、打圈接头现象,未受到任何外力的挤压和损伤(2分) 二级:投影仪、监控终端安装运转好,各种配线型式规格与设计规定基本相符,布放自然平直,基本无扭绞、打圈接头现象,未受到外力的挤压和损伤(1.7分) 三级:投影仪、监控终端安装运转较差,各种配线型式规格与设计规定不相符,布放不自然平直,存在扭绞、打圈接头现象,受到过外力的挤压和损伤(1.4分) 四级:未达到三级标准者(0分)		
28		现场设备安装	一级:摄像头、云台基座安装位置准确,螺栓固定牢靠,无任何松动现象(2分) 二级:摄像头、云台基座安装位置基本准确,螺栓固定基本牢靠,无松动现象(1.7分) 三级:摄像头、云台基座安装位置基本准确,螺栓固定基本牢靠,有轻微松动现象(1.4分) 四级:未达到三级标准者(0分)		
29	金结构及机电	金属结构及设备	一级:安装符合要求,焊缝均匀,两侧飞渣清除干净,临时支撑割除干净,且打磨平整,油漆均匀、色泽一致,无脱皮、起皱现象,螺丝无锈蚀现象(10分) 二级:安装符合要求,焊缝均匀,表面清除干净,油漆防腐基本均匀,局部有少量脱皮、起皱、锈蚀现象,个别螺丝有锈蚀现象(8.5分) 三级:安装符合要求,表面清除基本干净,油漆防腐局部有脱落、锈蚀现象,颜色基本一致,多处螺丝有锈蚀现象(7分) 四级:未达到三级标准者(0分)		
30		机电及附属设备	一级:安装符合要求,表面清除干净,油漆均匀、色泽一致,无脱皮、起皱现象,螺丝无锈蚀现象(10分) 二级:安装符合要求,表面清除干净,油漆防腐基本均匀,局部有少量脱皮、起皱、锈蚀现象,个别螺丝有锈蚀现象(8.5分) 三级:安装符合要求,表面清除基本干净,油漆防腐局部有脱落、锈蚀现象,颜色基本一致,多处螺丝有锈蚀现象(7分) 四级:未达到三级标准者(0分)		
31		吊装(起重)及附属设备	一级:安装符合要求,油漆均匀、色泽一致,无脱皮、起皱现象,行走自如(4分) 二级:安装符合要求,油漆防腐基本均匀,局部有少量脱皮、起皱、锈蚀现象,行走自如(3.4分) 三级:安装符合要求,表面清除基本干净,油漆防腐局部有脱落、锈蚀现象,颜色基本一致,行走基本自如(2.8分) 四级:未达到三级标准者(0分)		
32		计量、监测及通信设备	一级:安装符合要求,表面清除干净,色泽一致,无脱皮、起皱现象,螺丝无锈蚀现象(2分) 二级:安装符合要求,油漆防腐基本均匀,表面清除干净,局部有少量脱皮、起皱、锈蚀现象,个别螺丝有锈蚀现象(1.7分) 三级:安装符合要求,表面清除基本干净,油漆防腐局部有脱落、锈蚀现象,颜色基本一致,多处螺丝有锈蚀现象(1.4分) 四级:未达到三级标准者(0分)		
33	室外工程	进场道路及附属建筑	一级:路面平整,宽度一致,表面洁净无附着物;草皮铺设(种植)、植树均匀,全部成活,无空白;排水沟轮廓顺直,宽度一致,排水畅通,无倒坡(4分) 二级:路面及硬化平整,宽度基本一致,表面附着物已清除,但局部清除不彻底;草皮铺设(种植)、植树均匀,成活面积90%以上,基本无空白;排水沟轮廓顺直,宽度基本一致,排水畅通,无倒坡(3.4分) 三级:路面较平整,宽度基本一致,表面附着物已清除80%,无垃圾;草皮铺设(种植)、植树基本均匀,成活面积70%以上,有少量空白;排水沟轮廓基本顺直,宽度局部不一致,排水基本畅通(2.8分) 四级:未达到三级标准者(0分)		
34		围墙、大门等附属建筑	一级:砌体表面、铁艺和大门安装符合要求,排列整齐,轮廓顺直,色泽一致,表面洁净无附着物(4分) 二级:砌体表面、铁艺和大门安装符合要求,排列整齐,轮廓顺直,油漆防腐局部有脱落、锈蚀现象,色泽基本一致,表面附着物已清除,但局部清除不彻底(3.4分) 三级:砌体表面、铁艺和大门安装符合要求,排列基本整齐,轮廓基本顺直,油漆防腐局部有脱落、锈蚀现象,色泽基本一致,表面附着物已清除80%(2.8分) 四级:未达到三级标准者(0分)		
35		室外道路、硬化及排水	一级:路面及硬化平整,宽度一致,表面洁净无附着物;排水沟轮廓顺直,宽度一致,排水畅通,无倒坡(4分) 二级:路面及硬化平整,宽度基本一致,表面附着物已清除,但局部清除不彻底;排水沟轮廓顺直,宽度基本一致,排水畅通,无倒坡(3.4分) 三级:路面较平整,宽度基本一致,表面附着物已清除80%,无垃圾;排水沟轮廓基本顺直,宽度局部不一致,排水基本畅通(2.8分) 四级:未达到三级标准者(0分)		
36		室外绿化	一级:草皮铺设(种植)、植树均匀,全部成活,无空白(4分) 二级:草皮铺设(种植)、植树均匀,成活面积90%以上,基本无空白(3.4分) 三级:草皮铺设(种植)、植树基本均匀,成活面积70%以上,有少量空白(2.8分) 四级:未达到三级标准者(0分)		
评定人员签名					

注:表中所列项目可根据工程具体情况进行删减评定。